来历不明的沉洞

〔韩〕崔英熙/文　〔韩〕李庆国/图　章科佳 张雯谦/译

湖南少年儿童出版社 · 长沙
HUNAN JUVENILE & CHILDREN'S PUBLISHING HOUSE

韩国仁川广域市，危地马拉危地马拉城，葡萄牙里斯本，英国曼彻斯特，美国芝加哥，中国四川省，不知道从什么时候开始，世界各地开始出现来历不明的坑洞。

其中有些坑洞非常深，一整栋住宅楼都掉了进去。

到底是谁，为什么要在地下挖这么危险的坑洞呢？

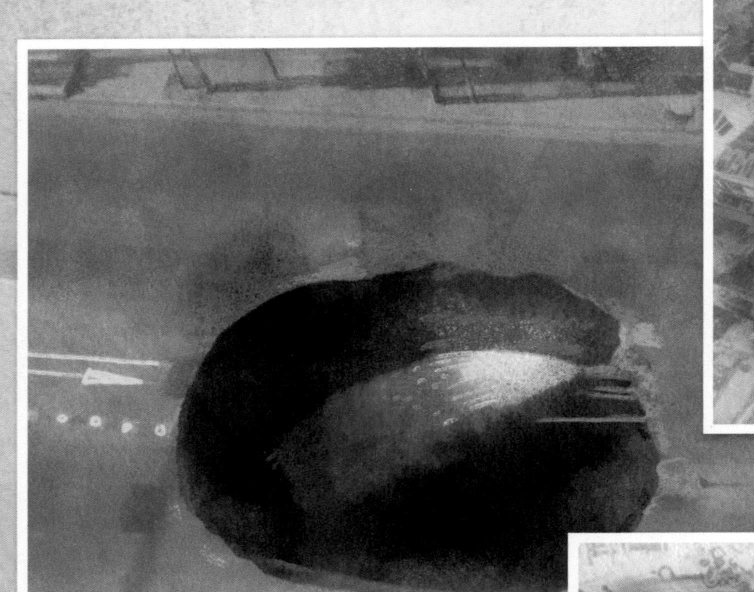

韩国仁川广域市

危地马拉危地马拉城

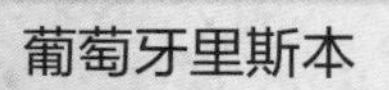

葡萄牙里斯本

11:54

Macintosh HD

HARD3

WORK HARD4

works

英国曼彻斯特

美国芝加哥

中国四川省

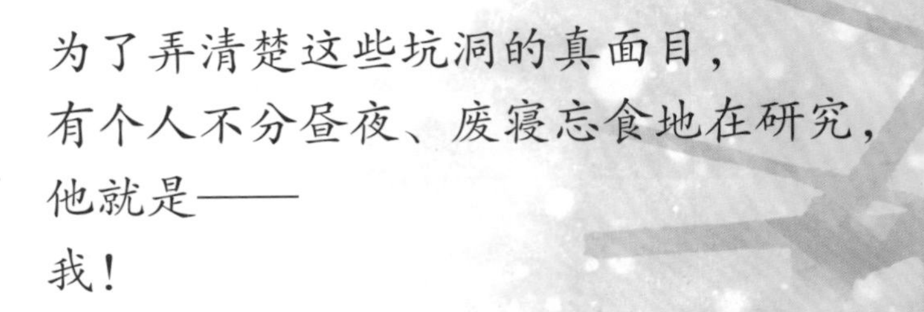

为了弄清楚这些坑洞的真面目，
有个人不分昼夜、废寝忘食地在研究，
他就是——
我！

呵，自我介绍晚了。
我的名字是霍尔博士。
我身旁的是超级机器人德格勒！
它是世界上唯一的坑洞专业机器人。
这里是霍尔博士的坑洞研究所。
接下来，我会把各种来历不明的坑洞，
彻彻底底地弄个清楚。

我最开始关注这些来历不明的坑洞是因为一个事件，
它就是危地马拉城卧室坑洞事件。

卧室底下出现了一个深坑

哐当！2011 年 7 月，居住在危地马拉城的一位名叫赫南德兹的老奶奶，突然听到了一阵不知道从哪儿传出来的爆炸声。她吓了一大跳，立刻从床上坐了起来。

她查看了家里的角角落落，玄关、厨房、客厅都没有异常，但一看床底，老奶奶差点儿晕过去。原来床底出现了一个很深的坑洞，就像是用机器凿出来的一样。

洞口直径有 90 厘米，深达 12 米。12 米的深度足以让一座4层高的楼房掉进去。如果这个坑洞的洞口再大几米的话，那整张床都会掉下去。

可怕的坑洞出现在一瞬间，而且还是出现在床底下！到底这个坑洞是何方神圣？

一开始我以为是爆炸形成的。

不过仔细查看了照片之后，发现塌陷的坑洞上方却完好无损。

我就问了问德格勒。

因为对于这种问题，德格勒总是能给出正确答案。

“德格勒！瞬间塌陷的地面以及完好的周边！这说明了什么？”

德格勒运转了一会儿，突然“嗒”的一声顿住，张嘴道：

“瞬间塌陷的地面+完好的周边=沉X。”

什么？沉X？

德格勒好像不知道最后一个字是什么。

是沉坑？还是沉没？沉重？沉积？

我的天！什么破烂玩意儿。

不过，我又发现了一个让我惊讶不已的事件档案。

道路塌陷

2012 年 2 月 18 日。

韩国仁川广域市的一条双向六车道的道路中央发生塌陷事故。

道路中央出现一个直径 12 米、深 27 米的坑洞。

这真是晴天霹雳呀，不对，应该说“晴地霹雳”？

根据监控画面显示，地面是自行开始塌陷的。

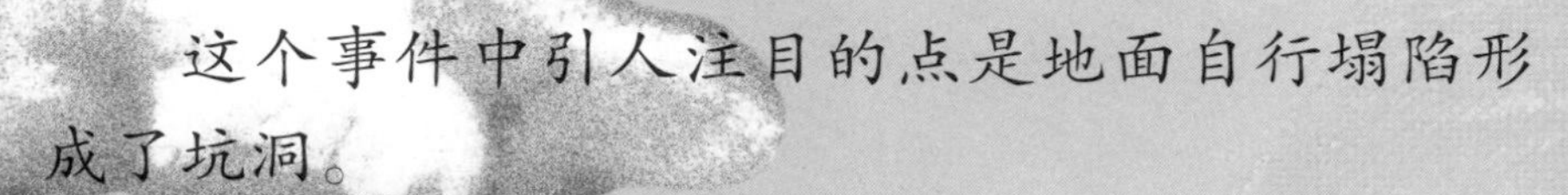

这个事件中引人注目的点是地面自行塌陷形成了坑洞。

我又问了德格勒：

“道路自行塌陷形成了坑洞，这不是很奇怪吗？现在你应该能知道沉X的X到底是什么了吧？”

嘚咯嘞，嘚咯嘞，嘚咯嘞嘚咯嘞！

“沉X+道路坑洞=沉洞！”

嗯……来历不明的坑洞名称就是沉洞？

赫南德兹老奶奶卧室里出现的坑洞也是沉洞，

仁川六车道中央出现的坑洞也是沉洞。

不过，光知道了坑洞的名称并不意味着结束，

我决心要了解关于沉洞的一切。

连研究所的牌子也换了——

霍尔博士的沉洞研究所！

我全身心地投入到沉洞的研究中，就连洗澡和上厕所的时间都要省着用。

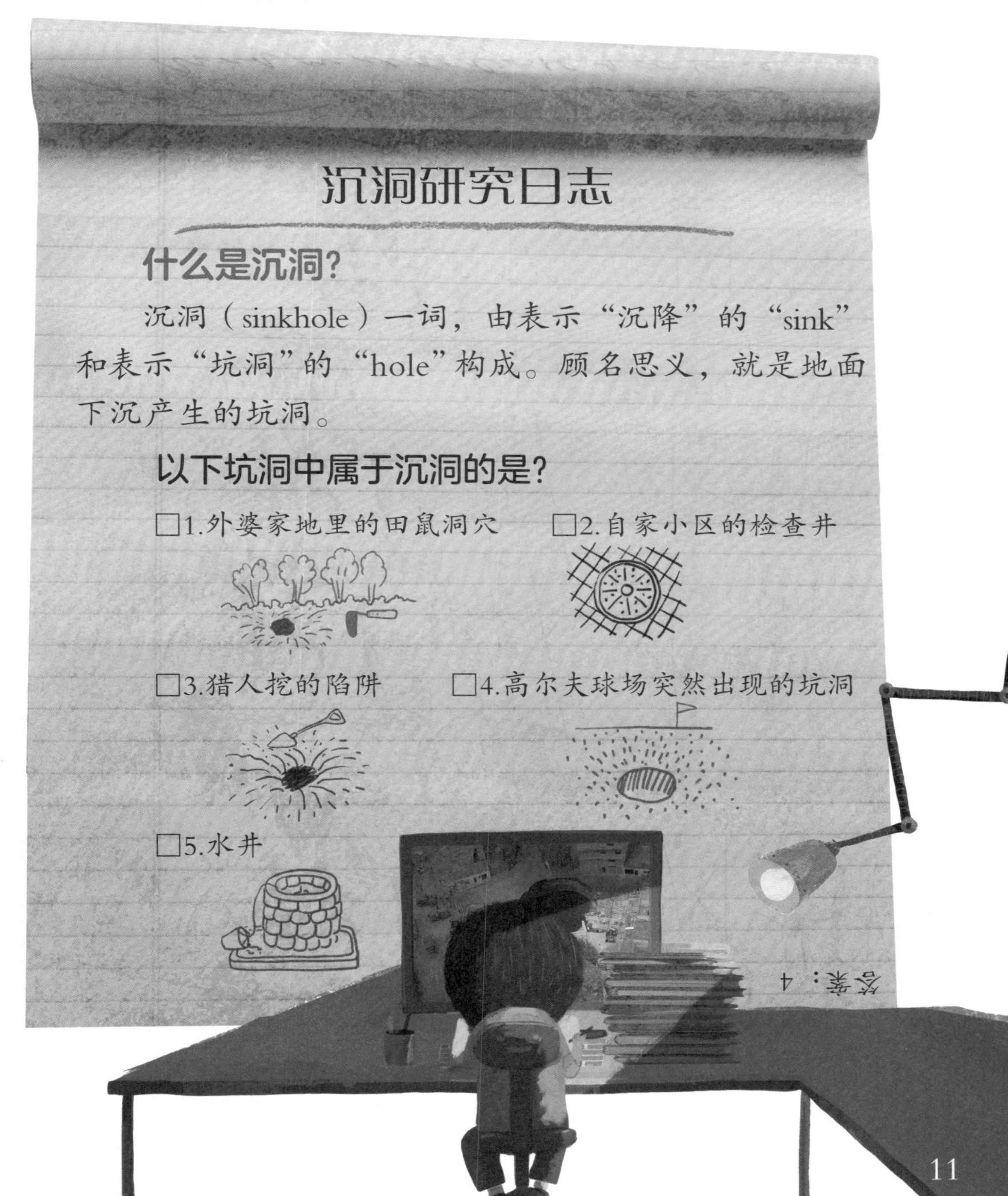

听说有些沉洞深受人们的喜爱。
还有人会喜欢又黑又深的坑洞？不信的话，
请看以下的广告单。

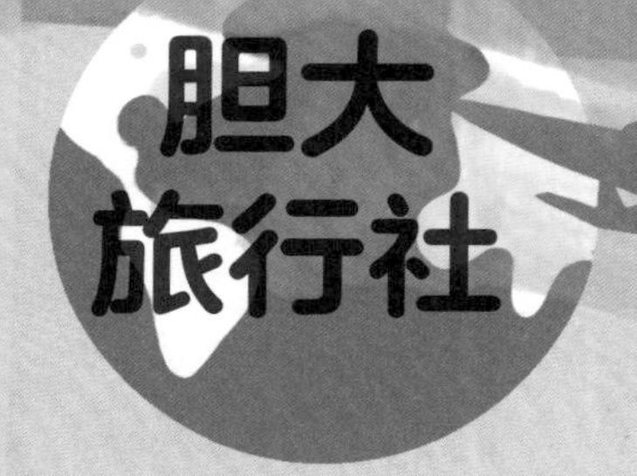

超人气旅游景点

夏天的炎热一扫而光。

梦想跳伞的你，现在就背上伞包，三、二、一，往下跳吧！你可以在燕子洞体验一次自由落体运动！

墨西哥的燕子洞

直径 50 米，深 376 米，世界上最深的沉洞欢迎各位的光临。

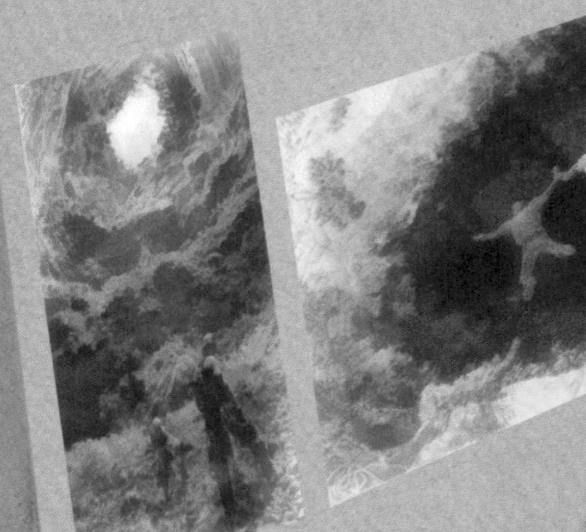

让人脊背发凉的沉洞！
巴哈马群岛的
迪恩蓝洞
只有山上有沉洞吗？海上也有！人称“蓝洞”，海底深蓝的坑洞。
深达202米，世界上最深的海洋洞穴——迪恩蓝洞欢迎各位的光临。
胆大旅行社
咨询电话
032-000-0000~6
032-000-0000~3
除此之外，还有委内瑞拉的萨里萨里尼亚马峰沉洞、中国四川省的沉洞、埃及的达哈布蓝洞也在期待各位游客的光临！

像墨西哥燕子洞、迪恩蓝洞这样的沉洞出现在
山上或大海中，也无可厚非，
可问题是现在有的沉洞竟然出现在城市中心！
道路上！床底下！还有学校的操场上！

2011 年 12 月

英国的曼彻斯特，道路塌陷，有汽车坠入其中。

2012 年 2 月

韩国的仁川广域市，双向六车道道路中央出现直径 12 米、深 27 米的沉洞，有摩托车坠入其中。

2014 年 2 月

美国的克尔维特国家博物馆塌陷，展示中的 8 辆雪佛兰克尔维特跑车坠入其中。

2014 年 8 月

韩国的首尔，松坡区石村洞出现深 5 米的沉洞，近来在这一带出现了很多大大小小的沉洞。

看到了吧？社区或道路一旦出现沉洞，
大部分情况下都会发生重大事故。
“这个沉洞到底是怎么产生的呢？”
我又问了问德格勒。
“沉洞是地下中空的空间崩塌而产生的。”
德格勒回答道。
这又是什么话？
不管怎么说，我要亲自做个实验了。

霍尔博士的纸箱实验

准备物品
A纸箱
B纸箱
书

这里有两个纸箱，A纸箱内装满了书，而B纸箱内什么也没有。
A
B

首先踩在A纸箱上面，我和纸箱都没事。
A
B
接下来，踩在B纸箱上面，呃啊！

纸箱无法支撑我的体重，一下子塌陷了。纸箱内中空的空间塌陷后，纸箱的外层也随之塌陷。
A
B

出现沉洞的地方，地下实际上是中空的孔洞状态。
洞变大后，也就不能支撑地面了。
那么，地下为什么会有洞呢？
到底是谁在地下挖出了洞呢？
我又问了问德格勒。
“地下挖洞的罪魁祸首是谁？”
嘚咯嘞，嘚咯嘞，嘚咯嘞嘚咯嘞！
“地下挖洞的罪魁祸首=地下水+人！”

什么？人和地下水在地下挖出了洞？
真是的，德格勒又是这种腔调。
“地洞的罪魁祸首=沉洞的罪魁祸首。”

按照德格勒的回答，
地下水和人挖出了洞，
所以地下水和人制造了沉洞？

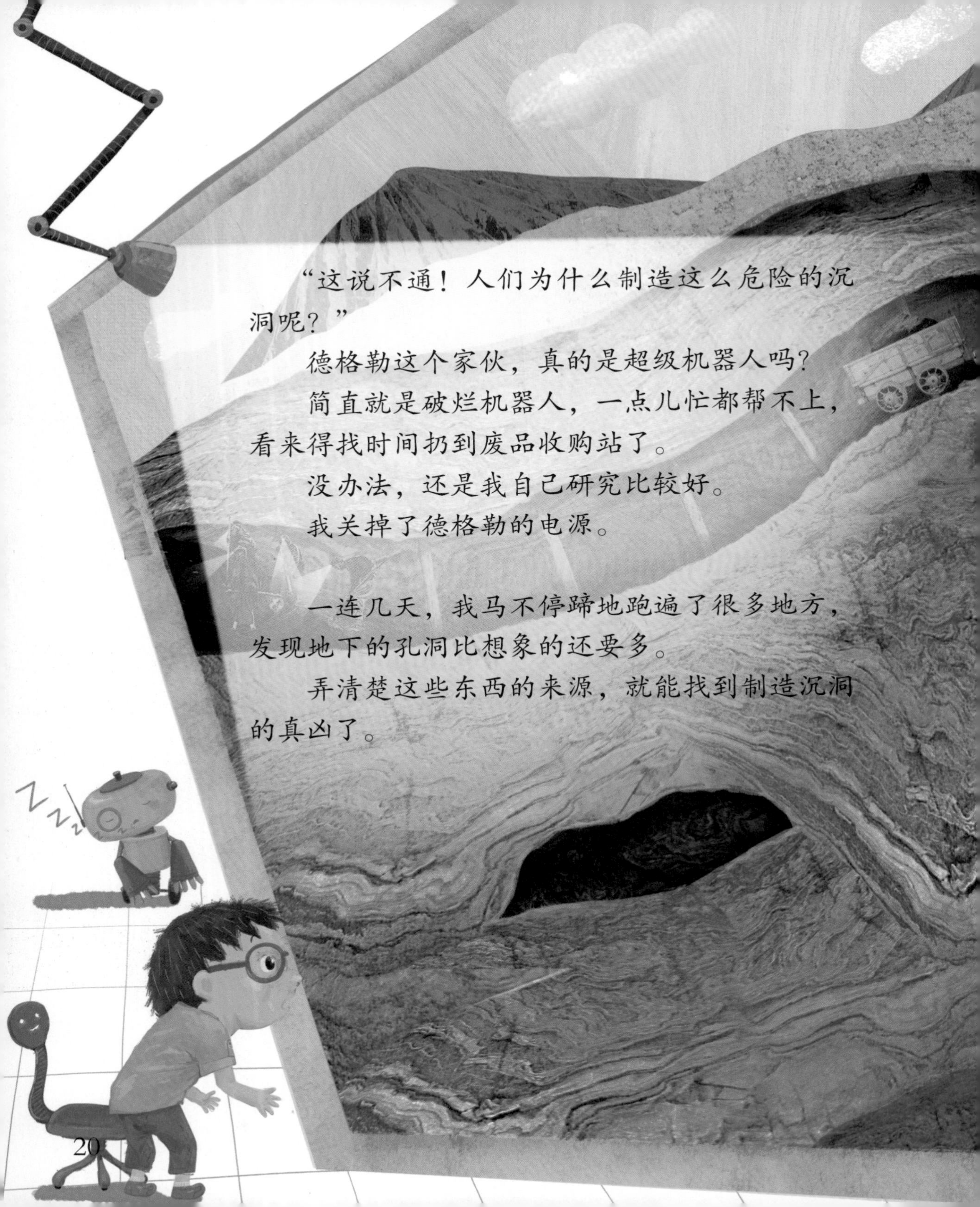

“这说不通！人们为什么制造这么危险的沉洞呢？”

德格勒这个家伙，真的是超级机器人吗？

简直就是破烂机器人，一点儿忙都帮不上，看来得找时间扔到废品收购站了。

没办法，还是我自己研究比较好。

我关掉了德格勒的电源。

一连几天，我马不停蹄地跑遍了很多地方，发现地下的孔洞比想象的还要多。

弄清楚这些东西的来源，就能找到制造沉洞的真凶了。

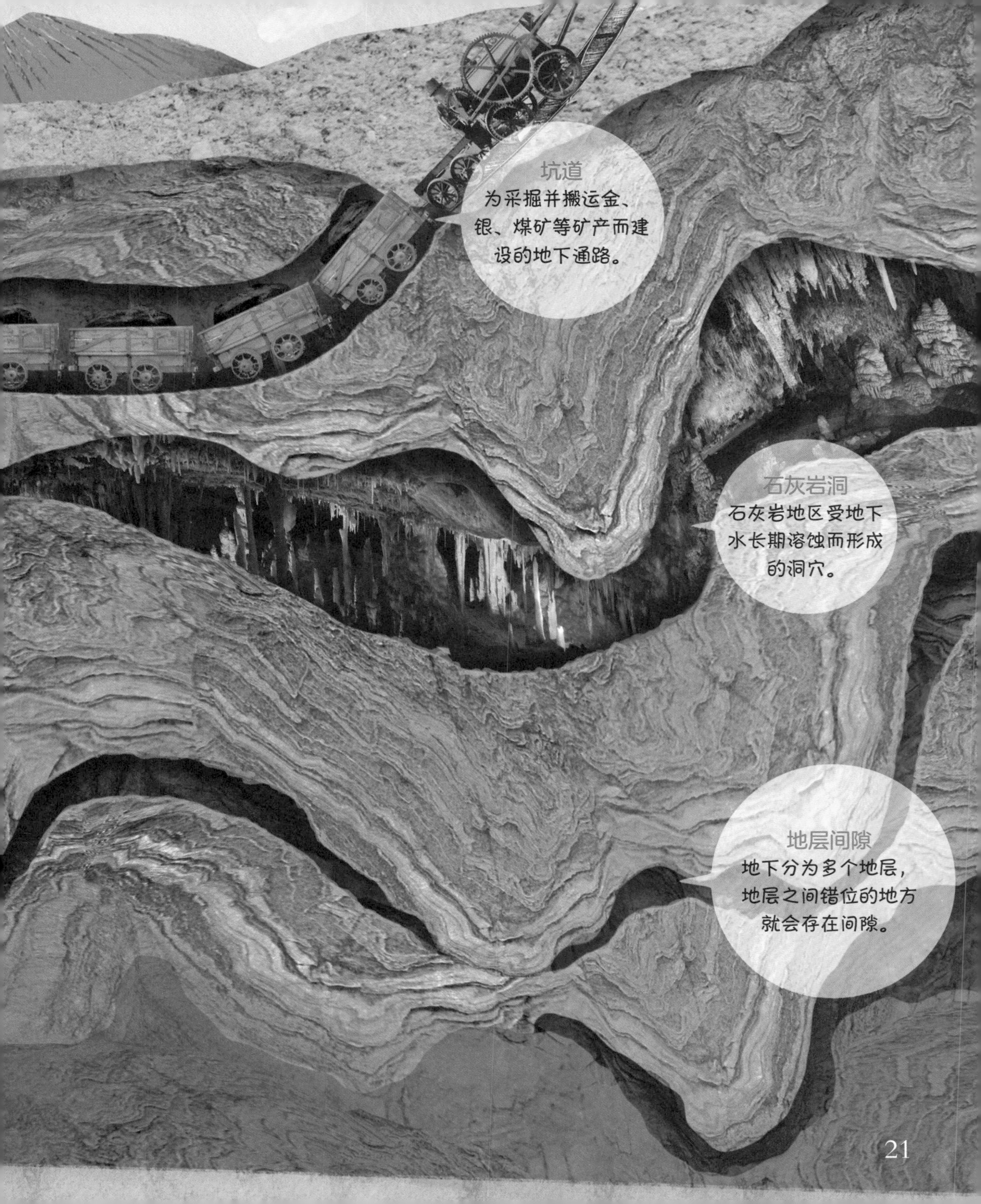
坑道
为采掘并搬运金、银、煤矿等矿产而建设的地下通路。
石灰岩洞
石灰岩地区受地下水长期溶蚀而形成的洞穴。
地层间隙
地下分为多个地层，地层之间错位的地方就会存在间隙。

石灰岩洞的产生过程

雨

雨水渗入地下，和地下水混合。这时雨水中的二氧化碳也和地下水混合。

雨水

地下水

地下水

溶有二氧化碳的地下水溶解石灰岩，形成小的孔洞。

溶解

流水

随着时间的流逝，这些孔洞会越来越大，形成岩洞。石灰岩洞就是石灰岩被雨水和地下水溶解而形成的。

钟乳石

石柱

石笋

我们首先要搞清楚石灰岩洞的前世今生。

在查询了百科词典后，我终于弄懂了石灰岩洞是如何形成的。

等一下！既然地下水溶解了石灰岩，那么制造石灰岩洞的罪魁祸首就是地下水呀……嗯，德格勒说的原来是对的。

这种石灰岩洞塌陷的话，那在地面就形成了沉洞。

石灰岩地区出现的沉洞大部分都是石灰岩洞塌陷产生的，中国四川省的沉洞就属于这种，因为四川省就是代表性的石灰岩地区。

现在轮到坑道了。

人们为了采掘金银矿、煤矿，挖了数百条坑道。

问题是这些坑道一段时间后就会被废弃。

随着时间的流逝，很多时候已经不知道这些坑道的具体位置，也不知道小区地下有没有坑道。

这些坑道塌陷的话，地面就会出现沉洞。

啊，这么来看的话，果然有和坑道相关的事件档案。

天哪!

这个坑洞就是坑道塌陷形成的沉洞呀。

院子呢，去哪里了？

2008 年 5 月 24 日。

韩国忠清北道阴城郡百花小区希望之家发生院子突然塌陷消失的事故。当时形成的坑洞直径 16米，深 30 米，这个深度足以让高 30 米的 10 层住宅楼整体陷入。调查结果显示，在百花小区希望之家的地下，各种坑道纵横交错。之前地下水灌满了坑道，直到事故发生前不久，地下水水位不断下降使得这些坑道呈中空的状态。

这么说，这些沉洞其实也是人为制造的。因为建设坑道后又废弃不管的是人，而肆意抽取地下水导致坑道中地下水水位下降的也是人，这次德格勒又对了。

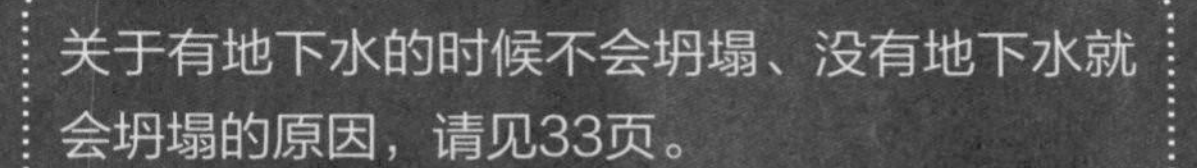
关于有地下水的时候不会坍塌、没有地下水就会坍塌的原因，请见33页。

我重新打开了德格勒的电源。

嘚咯嘞，嘚咯嘞，嘚咯嘞，嘚嘞嘞嘞嘞嘞！

德格勒的显示屏又亮了。

“对不起德格勒，我把你关机了。原谅我吧。我们齐心协力揭开沉洞的秘密，好不好？”

“哼，我就原谅你吧。不过研究所的招牌上还要挂上我的名字。”

“没问题，这都好说。”

于是我赶紧在招牌上写下了德格勒的名字。

霍尔博士和德格勒的沉洞研究所

德格勒重新开启，而我也原地满血复活。

霍尔博士
和德格勒的
沉洞研究所
霍尔博士
和德格勒的
沉洞研究所
霍尔博士
和德格勒的
沉洞研究所
霍尔博士
和德格勒的
沉洞研究所

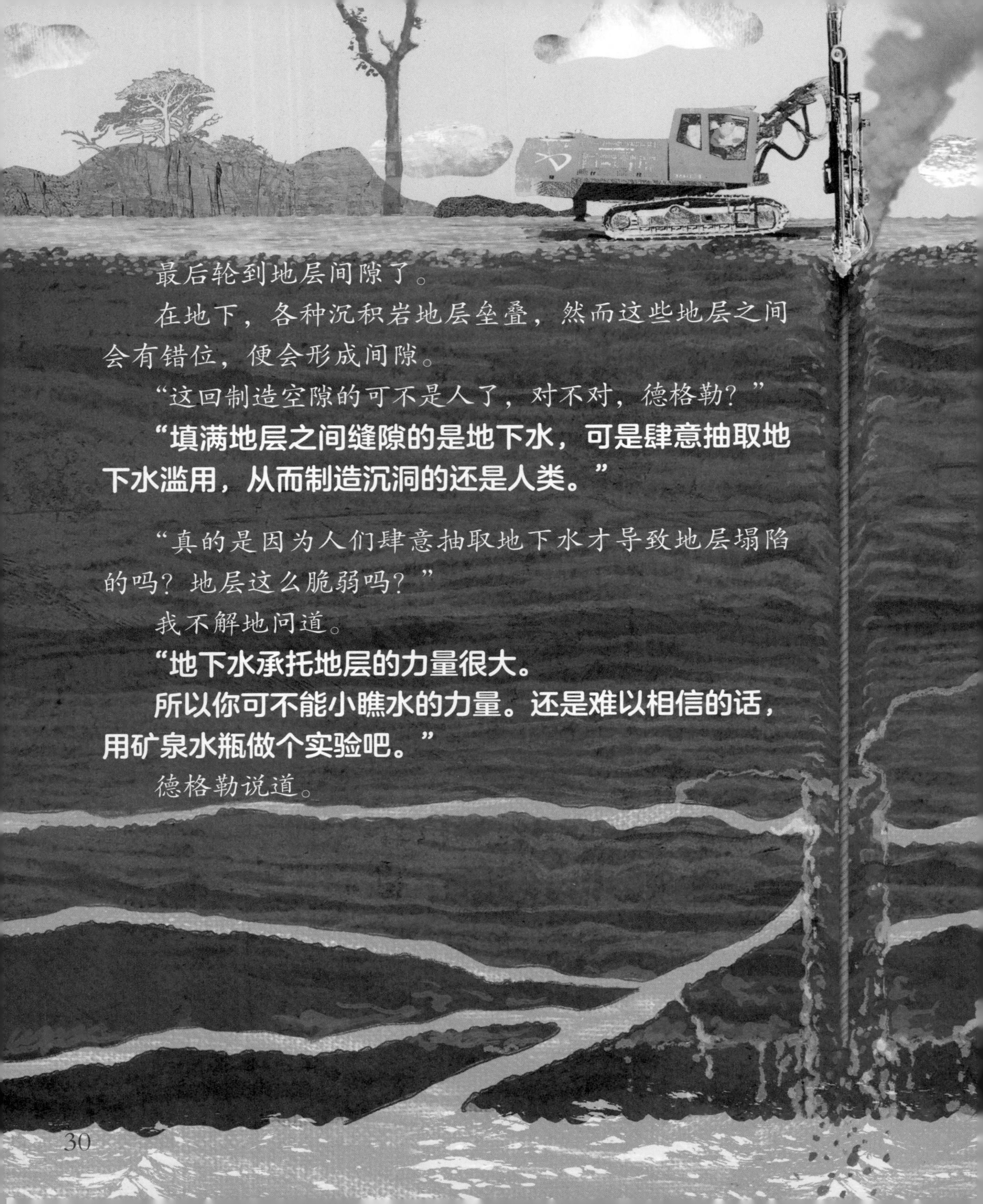

最后轮到地层间隙了。

在地下，各种沉积岩地层垒叠，然而这些地层之间会有错位，便会形成间隙。

“这回制造空隙的可不是人了，对不对，德格勒？”

“填满地层之间缝隙的是地下水，可是肆意抽取地下水滥用，从而制造沉洞的还是人类。”

“真的是因为人们肆意抽取地下水才导致地层塌陷的吗？地层这么脆弱吗？”

我不解地问道。

“地下水承托地层的力量很大。

所以你可不能小瞧水的力量。还是难以相信的话，用矿泉水瓶做个实验吧。”

德格勒说道。

霍尔博士的矿泉水瓶实验

准备物品

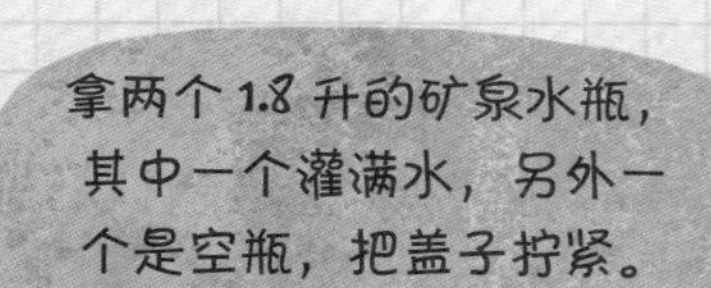

拿两个 1.8 升的矿泉水瓶，其中一个灌满水，另外一个是空瓶，把盖子拧紧。

然后将两个瓶子水平置于地上，分别站在上面。

装满水的矿泉水瓶会怎么样呢？丝毫未损。我的体重超过 30 千克，可见水的力量超乎想象。

没有水的空瓶瞬间就被压瘪了。

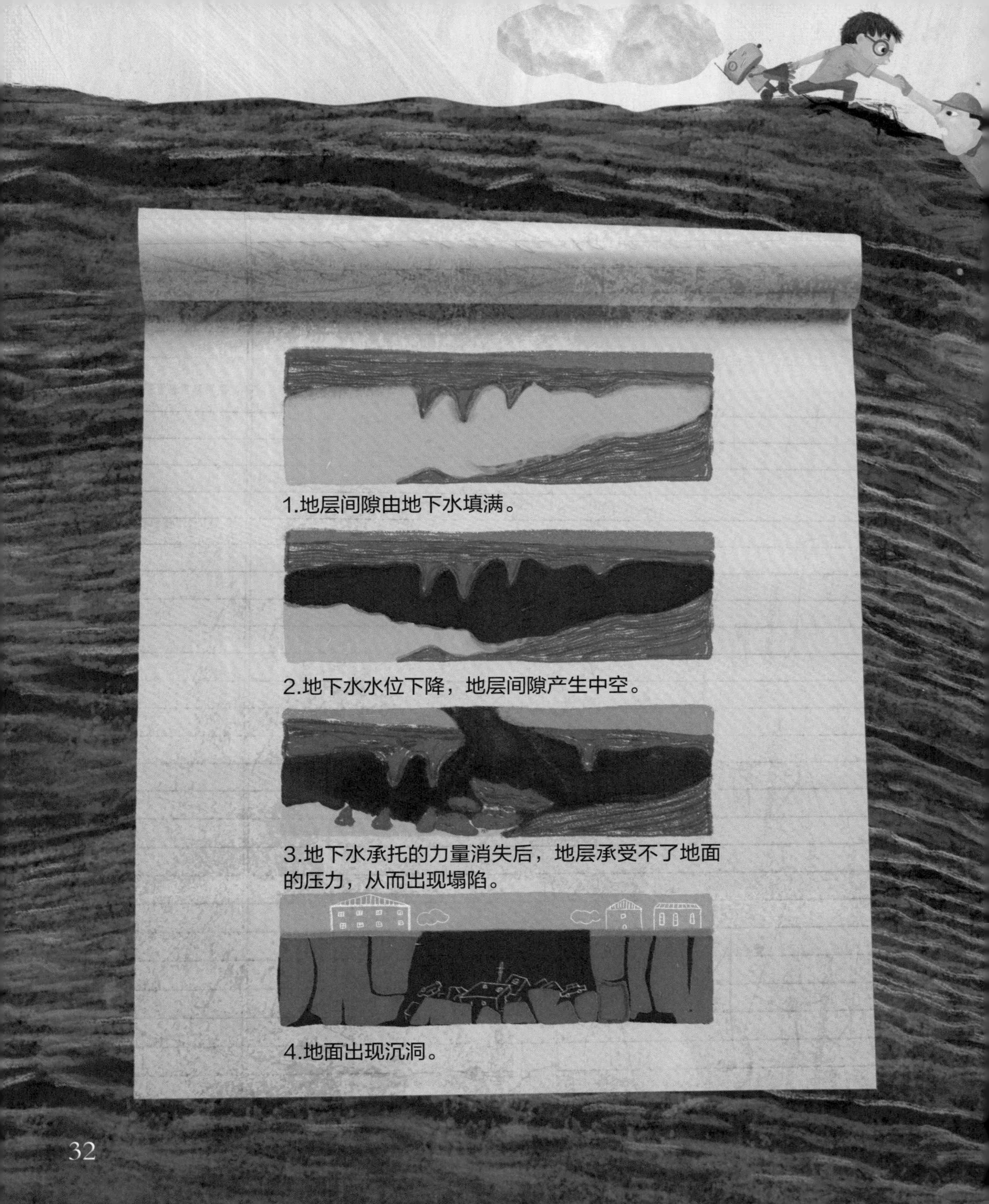
1.地层间隙由地下水填满。
2.地下水水位下降，地层间隙产生中空。
3.地下水承托的力量消失后，地层承受不了地面的压力，从而出现塌陷。
4.地面出现沉洞。

这次还是德格勒说对了。

人们肆意抽取填满地层间隙的地下水，才导致沉洞的出现。

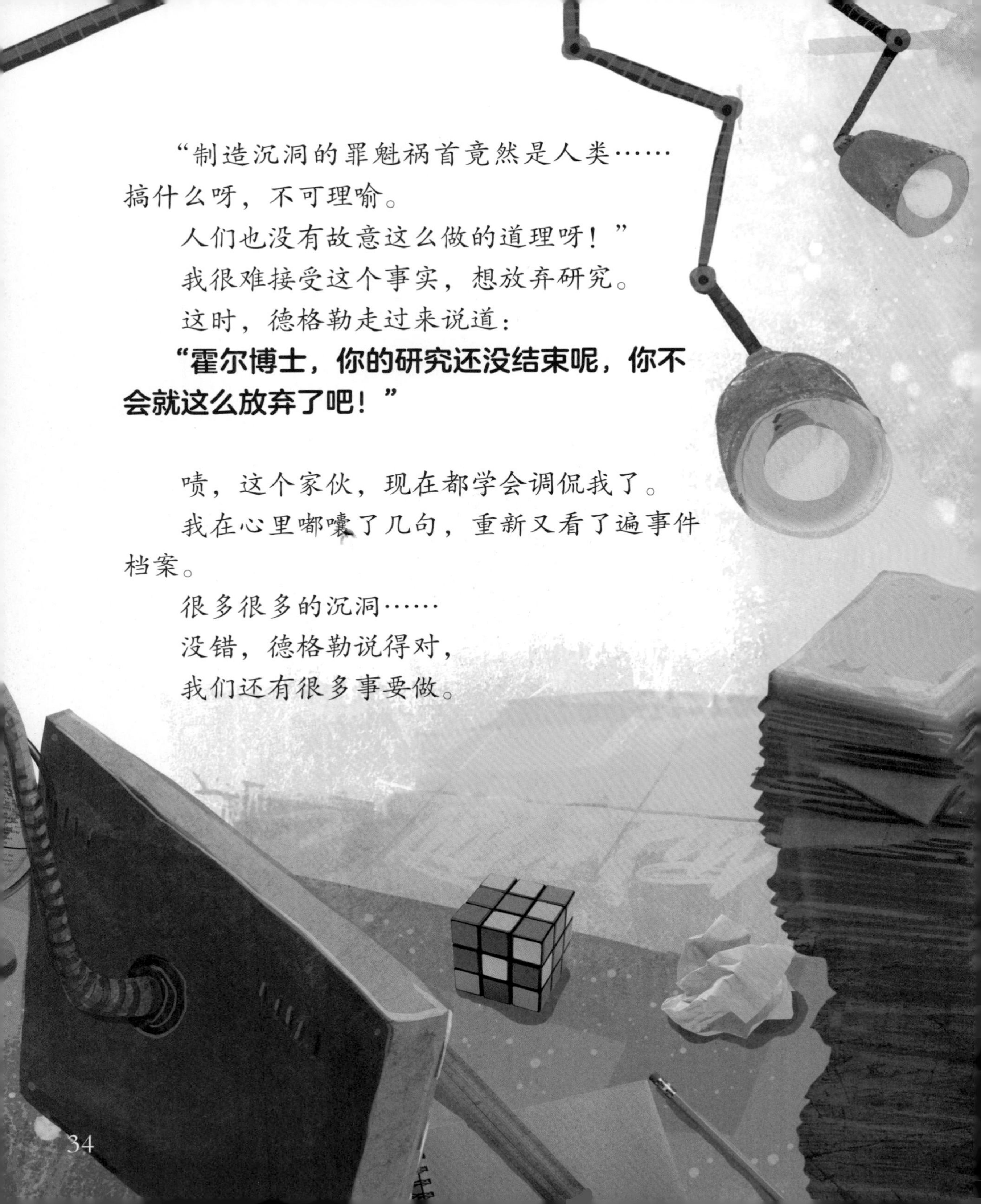

“制造沉洞的罪魁祸首竟然是人类……搞什么呀，不可理喻。

人们也没有故意这么做的道理呀！”

我很难接受这个事实，想放弃研究。

这时，德格勒走过来说道：

“霍尔博士，你的研究还没结束呢，你不会就这么放弃了吧！”

啧，这个家伙，现在都学会调侃我了。

我在心里嘟囔了几句，重新又看了遍事件档案。

很多很多的沉洞……

没错，德格勒说得对，

我们还有很多事要做。

我和德格勒又重新整理了一遍各个沉洞事件档案。

沉洞研究日志

★韩国忠清北道阴城郡希望之家的沉洞

原因：地下水水位下降导致地下坑道坍塌。

解决措施：在矿产分布地新建建筑物之前，首先要弄清楚坑道的位置。

★美国伊利诺伊州高尔夫球场沉洞

原因：球场地处石灰岩地区，石灰岩洞坍塌。

解决措施：在石灰岩地区建造设施，要掌握地下岩洞的位置和状况。

★危地马拉的危地马拉城卧室沉洞

原因：过度的城市开发导致地基比较脆弱，外加破旧的下水管道渗水，地面过重。

解决措施：陈旧的下水管道必须及时更换。

★韩国仁川广域市六车道道路沉洞

原因：地铁工程导致地基脆弱，且抽取过多的地下水。

解决措施：进行地下开发时，必须要掌握地下水的水路和流量。

我们还找到了沉洞发生的其他原因。

我们的调查终于结束了。
我们知道了来历不明的坑洞名叫沉洞，
也弄明白了为什么会出现沉洞。
“谢谢你帮了我这么多，德格勒！”

就在这时，
门外传来轰隆隆的响声，
我往窗外一看，哒啪拉百货店地下停车场工地的旁边，
出现了一个之前没见过的孔洞。
德格勒和我赶忙跑了出去。

“真是活见鬼，突然就有了个洞。”
干活的大叔说道。

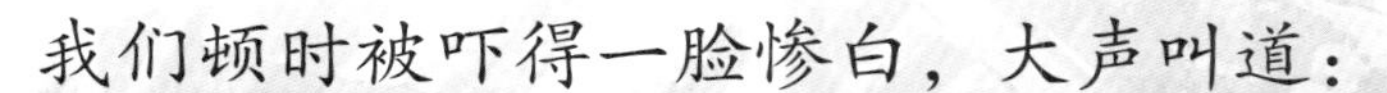

我们顿时被吓得一脸惨白，大声叫道：

“大叔，这可不是一般的洞，它是非常危险的……”

“哈哈，不用担心。

拿水泥把它填上就行。”

大叔没听我们的话，直接就往洞里灌水泥。

“看，神不知鬼不觉就填上了。”

这可如何是好？大叔肯定不知道沉洞有多危险。

EXCA
DRILL
EXCA
DRILL

这肯定不是个办法，

不采取措施的话，会出现更大的沉洞而发生大型事故的。

我们必须告诉人们其中的危险性，要中止施工才行。

我们变得很心急。

我和德格勒的事情还没有结束。

以后我们还得好好地向人们宣传什么是沉洞、它是如何产生的。

“德格勒，赶紧走吧。

我们要做的事情还很多。”

知识拓展

危地马拉城在哪里？

危地马拉城是危地马拉的首都和第一大城市。危地马拉是一个中美洲国家，官方用语是西班牙语。

蓝洞是什么？

蓝洞是海底出现的沉洞。洞非常深，其中的海水呈蓝色，故得此名。

燕子洞是什么？

墨西哥的垂直洞穴，是一个深入地下 370 余米的巨洞，里面栖居着非常多的燕子，蔚为壮观。

四川省在哪里？

四川省位于中国西南部的内陆，是大熊猫的故乡。那里石灰岩丰富，拥有规模巨大的沉洞。中国也把沉洞叫作“天坑”，意为“上天创造的坑洞”。

沉洞！完全可以阻止

意料之外的重大事故，人们通常会称之为“晴天霹雳”。

看到地面突然塌陷出现沉洞，都会惊叹“天呢，真是‘晴地霹雳’！”。

想象一下，某一天我们小区的道路或学校的操场突然塌陷，真是让人胆战心惊。

几年前，我在新闻上看到过道路施工现场出现巨大的坑洞，当时还没有用“沉洞”这个词，播音员也只是说“地面消失了”。

从那个时候开始，我就频繁地看到全球各地都出现来历不明的坑洞。翻阅书籍和网络报道后，才知道这种来历不明的坑洞叫作“沉洞”，也了解到大部分的沉洞都是人类造成的。一时之间我很难接受这个事实，同时

也觉得必须把这件事告诉小朋友们。大家要多思考沉洞为什么会发生，有没有事先预防的方法，而不是光想着沉洞有多可怕。

因为现在的小朋友们今后就是城市的设计者和建设者，他们也会生活在城市中。正是基于此才有此书的面世。

各位小朋友，大家也要像书里的主人公霍尔博士和德格勒那样，告诉身边的大人们：重要的不是把楼建得又高又快，也不是把道路建得很快，而是不要肆意抽取地下水，仔细检查下水管道有无渗漏。

今天依然支撑起我们的学校和家园的土地，谢谢你。希望从现在开始，大家都能好好地照顾你。

我们都要重视过度开发的问题

当听到沉洞事件的时候，一开始我都认为那只是其他国家发生的事件，离我们很遥远。当看到沉洞照片的时候，觉得有种未知的神秘和惊异，还引起了我的兴趣。

然而当得知沉洞也发生在我们身边的时候，自己都吓了一大跳。再加上了解到沉洞发生的原因是人们过度开发，甚至让我感到有些害怕。因为只要一出门，随处都能看到大大小小的工地。

以经济利益为先的开发建设有可能会给我们带来巨大的灾难，其中之一就是沉洞。

大家和我都是很小的力量，但是把这些小的力量集中起来，就可以阻止大型事故的发生。而国家公职人员也要严格审批施工地点，保证安全施工和按既定原则施工，切不可草草行事，这样也能防止安全事故的发生。

各位小朋友，希望大家能够通过这本书，明白沉洞发生的原因，并能好好思考一下我们怎样做才能事先预防事故的发生。

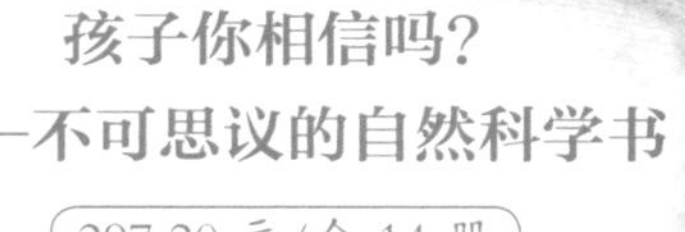
孩子你相信吗？
——不可思议的自然科学书
297.20元/全14册

来自
太空的垃圾

小土龙
神秘失踪案件

是谁
吃掉了森林？

哭泣的
鳄鱼皮包

天上落下了
恐龙尿

是谁复活了
森林？

将军岩的
八字胡

来历不明的
沉洞

离家出走的
蜜蜂

可怕的光污染

会发电的足球

烦人的噪声，
快停下！

吞噬鲸鱼的
怪物

青苔，
城市的守护者

图书在版编目（CIP）数据

来历不明的沉洞 /（韩）崔英熙文；（韩）李庆国图；章科佳，张雯谦译．—长沙：湖南少年儿童出版社，2023.5

（孩子你相信吗？：不可思议的自然科学书）

ISBN 978-7-5562-6829-0

Ⅰ．①来… Ⅱ．①崔… ②李… ③章… ④张… Ⅲ．①灰岩坑—少儿读物 Ⅳ．① P931.2-49

中国国家版本馆 CIP 数据核字（2023）第 064493 号

孩子你相信吗？——不可思议的自然科学书
HAIZI NI XIANGXIN MA? —— BUKE-SIYI DE ZIRAN KEXUE SHU

来历不明的沉洞
LAILI BUMING DE CHENDONG

总 策 划：周　霞　　策划编辑：吴　蓓
责任编辑：罗晓银　　营销编辑：罗钢军
排版设计：雅意文化　　质量总监：阳　梅

出 版 人：刘星保
出版发行：湖南少年儿童出版社
地　　址：湖南省长沙市晚报大道 89 号（邮编：410016）
电　　话：0731-82196320

常年法律顾问：湖南崇民律师事务所　柳成柱律师
印　　刷：湖南立信彩印有限公司
开　　本：889 mm × 1194 mm　1/16　　印　　张：3
版　　次：2023 年 5 月第 1 版　　印　　次：2023 年 5 月第 1 次印刷
书　　号：ISBN 978-7-5562-6829-0
定　　价：19.80 元